生命と燃焼の科学史

自然発生説とフロギストン説の終焉

筑波常治／大沼正則 著

やまねこブックレット

仮説社

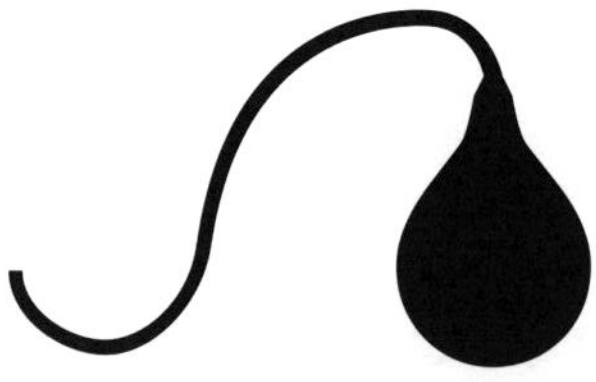

生命と燃焼の科学史

自然発生説とフロギストン説の終焉

筑波常治／大沼正則 著

生命は自然発生するか　筑波常治

ものが燃えるのはどうしてか　大沼正則

初出：筑波常治／大沼正則編著『失敗の科学史』（日本放送出版協会，1973 年）より
筑波常治「生命はどうして生じたか？」，大沼正則「ものが燃えるのはどうしてか？」

生命は自然発生するか

筑波常治

ルイ・パスツール（1822～1895）

コムギがネズミに化けた？

さっき見たとき、なにも見えなかった水たまりの中に、いつのまにかボーフラが泳いでいます。あるいは、台所の棚の上におきっぱなしだった食べ物に、知らないうちにウジがついています。

……こういうとき、私たちはどう考えるでしょうか。

「水たまりの中に、蚊が卵を生んでいたのだな」
「食べ物にハエがついたな」

きっと、そう考えるでしょう。まかりまちがっても、

「水の中から、ひとりでにボーフラがわいて出たのだ」
「食べ物が古くなって、ウジに化けたのだ」

などとは考えないでしょう。これが、今の世の中では常識になっています。

しかし、なんらのためらいもなく、そのように考えられるのは、現在の人びとが、「生物はかならず、親から生まれる。それ以外のところから、わいて出るはずがない」ということを、まっ

たく疑わずに信じているからなのです。もしも、「生物はいつも、親からだけ生まれるとはかぎらない。別のものの中からわくことだってあるのだ」と信じていたら、どうなるでしょうか。ボーフラは水の中から、ウジは古い食品のうちから、ひとりでにわいてきたのだ、と判断するかもしれません。

実は、およそ一五〇年ほど前まで、そのようなことがいっぱんに信じられていました。「生物は原則として、おなじ種類の親から生まれる。だが、とくべつの場合、まったく別種のものからわくことも多い」というのです。こういった考え方を、「自然発生説」とよびます。

一七世紀のはじめ、ベルギーにヤン・バプティスタ・ファン・ヘルモント（一五七七～一六四四）という学者がいました。化学と植物生理学の研究で、すぐれた仕事を残しました。気体に相当する「ガス」ということばを、最初につくったのは、この人です。

ところが、このファン・ヘルモント、現在ではしばしば笑い話の主人公にされています。それは彼が、次のような実験を行なったからです。

ファン・ヘルモント
（1577～1644）

彼は、つぼの中に、コムギの粒をたくさんいれました。それから、つぼの口に古い汚れたシャツをまるめたものを栓として詰めました。こうして数日間、そのつぼを棚の上にのせておきました。やがて、つぼをおろし、古シャツの栓をぬきました。内部をのぞくと、つぼの中には数匹のネズミがはいっていました。このことから、ファン・ヘルモントは、

「コムギの粒と、古シャツにしみこんだ人間の汗とがまざり、

ネズミに変わったのだ」と結論しました。「ネズミが自然発生することを、実験によってたしかめた」、というのです。さらにファン・ヘルモントはこうも言っています。

「このようにしてできたネズミは、親から生まれたふつうのネズミと、おどろくほどよく似ている」

現在からみたら、こっけい千万な話でしょう。どっちも親から生まれたネズミなのですから、似ているも似ていないもありません。ネズミは外部から、古シャツの栓のすきまをくぐりぬけて入ったものにちがいないのです。現在の人間ならば、だれだってそう考えるでしょう。

ですが、次のことも考える必要があります。現在の人間は、自然発生説がまちがいであることを常識として知っています。だから少しの疑いもなく、ネズミは外からつぼの中へはいりこんだのだと思います。ファン・ヘルモントの時代には、そうではありませんでした。自然発生説のまちがいがわかったのは、ようやく一八〇〇年代になってからです。一六〇〇年代のはじめごろは、ファン・ヘルモントにかぎらず、有名な学者もふくめてほとんどの人間が、自然発生説を正しいと信じていました。

コムギのつぼの中にネズミを発見したファン・ヘルモントは、「このネズミたちは、外からはいりこんだのではないか?」と、いちおうは考えたでしょう。そして、そういうことが可能かどうか、調べてみたのです。しかし、つぼにはどこにも穴などあいていません。また、古シャツの栓はきつくつめられていて、生き物のとおれそうなすきまもありません。それでも現代の人間ならば、ネズミが外からはいったのだと考えないわけにゆきません。ですから、ほとんどの人は次のような結論に達すると思います。

「ネズミは、人間には不可能と思えるようなせまいところでも、くぐりぬける能力をもっている」

しかし、ファン・ヘルモントにとっては、こんな考え方こそ、不自然に感じられたでしょう。それよりも、当時の常識にしたがって、「ネズミが外からはいりこむことは不可能である。だから、このネズミは、つぼの中でわいたものにちがいない」と考えたほうが、ずっと無理なく思えたのでした。

しかも彼は、科学者にふさわしく探求心のさかんな人でした。だから、「コムギからわいたネズミと、ふつうの親から生まれたネズミと、ちがいはないだろうか？」と、興味をもちました。その結果、調べれば調べるほど、どこにもちがいのないのがわかりました。それは、彼の観察のやり方が正確だったからです。

このようにみたとき、ファン・ヘルモントの「失敗」を、笑いとばすことはできません。彼を非科学的な男だと考えることこそ、科学的な態度ではないのです。

それにしても、今ではまちがいとわかっている自然発生説を、なぜ長年のあいだ、人びとは信じていたのでしょうか。そして、これがまちがいであることを、どうやってつきとめたのでしょうか。じつはこの問題が明らかになるまでの間には、多くの科学者たちによる、真実を解き明かそうとするさまざまな挑戦が展開されていたのでした。

自然発生説のはじまり

むかし、まだこの世に虫メガネも顕微鏡も存在していなかったころ、人びとは自分たちの肉眼だけでまわりの出来事を見ていました。彼らにとって目に見えるものだけがすべてであり、肉眼にうつらない小さな小さな生き物がすぐそばにいようなどとは、想像もできませんでした。

ところが、よく注意していると、ついさっきまでなにも見えなかったところに、小さな生物がうごめいています。そういうことが、しばしば経験されました。古い水たまりやくさった食べ物をはじめ、田畑の土の中や、朽ちた木材の表面や、あるいは人間が身につけた衣類の内側でさえ、小さな虫がとつじょ動きだし、人びとをおどろかせることがあります。

現代の人間ならば、こういうことに出会っても、「卵や幼虫が前からついていたのだ。ただ小さすぎて見えなかっただけだ」と考えます。

しかし、むかしの人は、目に見えない卵や幼虫のあることを知りません。だから、むしろすなおに、「この虫たちは、いま急にわいて出たのだ」と思いました。

「生命の自然発生説」は、このようにして、ひろく信じられていました。当時の人びとにとって、それはたんなる空想の産物ではありません。ちゃんと事実の観察にもとづいて、考えつかれたことであったのです。

古代の民族の中で、現代の科学といちばん近い思想をもっていたのは、ギリシア人であると言われています。そのギリシア人たちも、自然発生説を信じていました。

そのひとり、エピキュロス（紀元前三四一～二七〇）は次のように主張しました。

「太陽と雨と、あつい蒸気のはたらきで、土の中か、あるいは肥料の中から、無数の生物がわいてくる。母なる大地には、生物を発生させる力がある。ただし、人間の女性とおなじで、古くなると、その力もおとろえる」

それまでに知られていた農業に関する知識も、エピキュロスの説に影響をあたえています。畑で作物ができるのは土地に生き物を育てる力があるからだと、人びとは信じていました。また、肥料といっても、今ほど豊富ではありません。おなじ畑で作物を作りつづけると、土地の養分が欠乏してきて、作物があまりできなくなります。作物ができなくなれば、害虫の類も姿を消します。これらの事実を、エピキュロスは人間になぞらえ、「古くなると、その力もおとろえる」とみなしました。

けれども、よく観察すると、あらゆる種類の生物が水や土の中からわいて出るようには見えません。井戸の底からウシが出てきたり、材木の内部からヒツジがとびだしたりする現場を見ることはできないのです。自然発生という現象はけっしてすべての生物で起こるのではなく、特定の種類のものだけだと人びとは信じました。

エピキュロス
（紀元前341～270）

大部分の人びとは、ばくぜんとそう信じているだけでしたが、研究熱心な学者は、どんな種類の生物がどんなものの中からわくか、あきらかにしようと考えました。そのひとりがアリストテレス（紀元前三八四〜三二二）です。

アリストテレス
（紀元前 384 〜 322）

アリストテレスは現在、哲学者として知られていますが、当時にあっては有名な動物学者でした。彼の多くの著書のうちでも、もっとも力をいれて書いたのは、『動物誌』という本です。古代・中世をつうじて、最大の動物学者だったと言われています。

そのアリストテレスも、自然発生説をみとめていました。彼は、たんなる思索家ではなく、すぐれた観察家でした。自分の肉眼の観察により、この問題を解明しようと努力しました。そして、「小形の動物のうちの多くが、自然発生によって生じる」、と結論しました。

「多くの昆虫類、ミツバチ、キバチの幼虫、ダニ、ホタルなどが、朝露、腐食した土、肥料、朽ちた木材、毛髪、汗、肉片などからわいて出る。

サナダムシは、人体の一部、排泄物などからわき出す。

カ、ハエ、ガ、シラミ、ノミ、ナンキンムシなどは、井戸の水、河川のやわらかい土、畑の土、枯れ木、くさった果実、動物の排泄物、ごみくず、そのほかあらゆる種類の汚物の中からわき出す」

これは、その時代として、せいいっぱいの観察の成果でした。肉眼だけで見たとすれば、なるほどと思えることがたくさん入っています。アリストテレスの動物にかんする学説は、その後ながく、正しいものと考えられてきました。

中世においても、自然発生説は信じられつづけました。ですが、その内容には古代とちがうところが出てきました。

中世のヨーロッパは、キリスト教が支配していました。キリスト教によれば、この世界のあらゆる出来事は、神の意志と力にもとづいておこります。そして、神は全智全能であると信じられていました。つまり、どんなことでも行なえる、と言うのです。それゆえ、神の力がはたらけば、小形の動物だけでなく、どんな生物を、どのような場所からでも、わき出させることができると考えられました。

中世も時代がすすむと、十字軍などの影響で、それまで知られなかった異国の情報がはいってくるようになりました。とは言っても、正確な知識は容易につたわりません。人びとの口をとおして語られるうちに話には尾ひれがつき、誇張されることになりがちです。その結果、遠い国々にかんする伝説や迷信が広まるようになりました。

これらのことが、自然発生説の内容にも影響をあたえました。遠い東の国には、ヒツジの子どものなる木があるそうだし、どこか遠方の海では、アヒルやガチョウが貝の中からわいて出てくるということだし――こういったうわさが、人びとに信じられ、そのことを、自分の著書に、まじめに書きのこす学者も出てきました。おなじ自然発生説といっても、古代にくらべると、さらに内容が空想的になったのでした。

中世の人びとは、神の偉大さを信じる反面、人間を罪ぶかい弱いものだと考えました。しかし、やがておとずれたルネサンス期には、中世の思想への反動もあって、人間自身の力をたたえる動きがもりあがってきます。人間が自分たちの能力にめざめたのでした。そして、人間の知恵と努力によって、自然をつくりかえることも可能だ、と考えられるようになりました。反面、そのことが自信過剰を生み、ゆきすぎをまねいたところもありました。「人間の工夫しだいで、生物を自然発生させることも夢ではない」、と主張する人が現れました。

羊のなる木

パラケルスス
（1493～1541）

そのひとりに、パラケルスス（一四九三～一五四一）と名のった人物があります。本名をテオフラストス・フォン・ホーヘンハイムと言いました。科学の歴史に名を残した人びとのうちには、奇人、変人とよばれる例も少なくありません。パラケルススも、そのひとりです。

彼はスイスで生まれました。子どものころに病気にかかり、背骨が曲がってしまいましたが、肉体の劣等感を学問によってはねかえそうと、いっしょうけんめい勉強にはげみました。

パラケルススの名まえは、医者、詩人、錬金術師、神秘思想家として、知れわたりました。非常に多方面な活動をしたのです（錬金術とは、いろいろな物質や薬品をまぜて、「金」を人工的につくりだそうとする研究です。そんなことをしても、人間の手で金をつくれっこないのですが、その研究の過程で考案された実験器具のいくつかは、のちに化学者たちに利用されることになります）。しかし、その人生は、平穏なものではありませんでした。

パラケルススは、錬金術のやり方を応用して、「生きた〈小人〉（ホムンクルス）をつくり出せる」と言いました。

「人間の精液を、ビンの中に密封し、特殊な化学的処理をくわえつつ、四十日のあいだ腐敗させる。そうすると、精液はしだいに人間の形に変わり、かすかに動きはじめる。これに人間の血をあたえ、一定の温度のもとに、四十週間ほどおいておくと、小人ができる」

〈小人〉を作り出す錬金術師

彼はその方法を論文に書き残しました。もちろん、このとおりにやっても小人ができるはずはありません。パラケルスス自身も、ほんとうにやったわけではないのです。彼は想像力をはたらかせ、錬金術の知識からひとつの夢をえがいたのでした。一説には、化学にたいして世間の関心をかきたてようと、わざとこんな空想話をつくったのだとも言われます。

パラケルススはすぐれた頭脳をもち、自信にあふれていました。自分以外の人間が、有名な学者たちもふくめ、みんな馬鹿に見えてしかたがありません。態度は傲慢になり、人びとの反感をかいました。このため、おなじ土地に長居することができず、生涯の間、放浪をかさねました。そして、旅ゆくさきざきで、新しい知識をしこみ、いよいよ自信過剰になったのでした。有名なゲーテの『ファウスト』の主人公、ファウスト博士は、パラケルススをモデルにしたのだという説もあります。

ドラクロワによって描かれたファウスト博士

最初の疑問

古代から信じられてきた自然発生説にたいし、一六〇〇年代のなかばすぎ、はじめて疑問をなげかける人物があらわれました。フランチェスコ・レディ（一六二六〜一六七九）というイタリア人です。医者が本業で、トスカナ地方の領主の侍医でしたが、言語学者、詩人としても知られた人でした。

フランチェスコ・レディ
(1626〜1679)

レディはあるとき、ヘビの死体を箱の中にいれておきました。するとたくさんのハエがやってきて、死体にたかりました。ハエは二種類いて、いっぽうは緑色、もういっぽうは黒地に白縞の模様がありました。数日するとヘビはくさりはじめ、べた一面にウジがわきました。ウジはやがてサナギと化し、ハエになりました。このハエにも、緑色のものと、黒地に白縞のものと、二種類いました。

レディの頭に、自然発生説への疑問がうかびました。

「最初にたかったハエと、あとからわいたハエと、種類が似すぎている。ということは親子だからではないのか？」

レディはこのことを実験によってたしかめようと思いました。そこで、たくさんのビンを用意し、その中へいろいろな種類の肉をいれました。そして、ビンのうちの半数に栓をし、のこりは口をあけたままおいておきました。口のあいているビンへは、ハエがさかんに出入りします。

数日して、その中におびただしいウジがわきました。しかし、栓のしてあったビンには一匹もわきませんでした。

念には念をいれて、レディは似たような実験をくりかえしました。なんどくりかえしても、結果はおなじです。ハエのたかった肉にはかならずウジがわき、たからなかった場合には、なにもわいてきません。彼は、自分の考えのまちがっていないことを確信しました。レディはこの研究の成果を『昆虫の発生にかんする実験』という論文にまとめ、一六六八年に発表しました。自然発生説を否定する主張が、史上はじめて登場したのです。

レディの論文は、肉にわくウジが自然発生でないことを述べただけです。それ以外についてはふれていません。レディの弟子のバリスニエリ（一六六一～一七三〇）は、師匠の説をさらに発展させました。彼は昆虫の生活をくわしく調べ、植物の組織のすきまや、材木の内部にひそむ虫たちも、自然発生ではなく、卵を生みつけられたものであることを証明しました。こうしてようやく、それまで疑われずにいた自然発生説の当否を再検討しなければならないと考える人びとが、学界の一部にあらわれました。

レーウェンフック
（1632～1723）

さて、レディの論文が出てほどなく、ひとりのオランダ人が、生物学のみならず人類の歴史上まさに画期的な大発見を行ないました。そのオランダ人は、アントニー・ファン・レーウェンフック（一六三二～一七二三）と言います。

一五〇〇年代のすえ、オランダで顕微鏡が発明されました。肉眼で見えなかった未知の世界が、人びとを驚かしました。一六〇〇年代のヨーロッパは、顕微鏡でものを観察することが新しい流行になり、この中から生物学史上の大発見がいくつもあらわれました。それをなしとげた人びとを、「顕微鏡学派」とよびます。細胞をはじめて発見したロバート・フック（一六三五〜一七〇三）や、昆虫の排泄器官をつきとめたマルチェロ・マルピーギ（一六二八〜一六九四）などが有名です。

レーウェンフックも顕微鏡学派のひとりです。しかし、彼はほかの人びとと境遇がちがいました。専門の学者ではなく、商業のかたわら、趣味として顕微鏡をあつかったのです。ところが、その観察たるや、本職の学者たちもおよばないほど、すぐれたものでした。

一六七五年の九月中旬、彼は桶にたまった雨水を顕微鏡で調べていて、その中に奇怪な生き物を見つけました。肉眼で見えない微生物――原生動物やバクテリアが、人類史上はじめて発見されたのです。

この発見は、自然発生説をめぐる論議にも、影響をおよぼしました。

ある人びとは、考えました。

「肉眼で見えない生物がいるくらいだから、肉眼で見えな

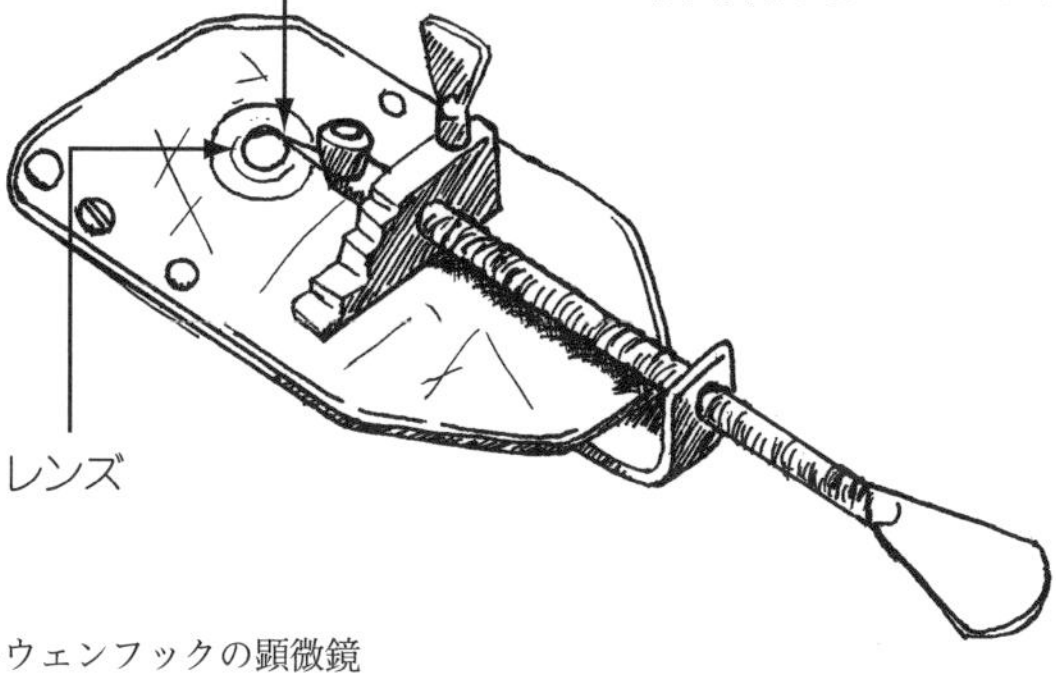
この針の先端に観察したいものをセットして
反対側からレンズでのぞく
レンズ

レーウェンフックの顕微鏡

い卵や幼虫がいても、少しもふしぎではない。自然発生と思われたのは、じつは小さな卵や幼虫が、その場所についていていたのだ」

しかし、べつの人びとは、考えました。

「レディやバリスニエリのいうとおり、肉眼で見える虫たちは、自然発生しないかもしれない。しかし、微生物の場合は、どうだろうか？　この世には、おびただしい数の微生物がいるそうだが、それらはどのようにして生じたのだろうか？　かれらこそ、自然発生しているにちがいない」

そして、前者はさらに考えました。

「微生物でさえも、自然発生しないとわかれば、この説のまちがいであることがはっきりする」

しかし、後者もまた、考えたのです。

「微生物こそ、自然発生で大量にふえていることを、証明してみせよう」

どちらの側も、微生物に関心をいだき、研究テーマにとりあげることになりました。

微生物をめぐる論争

ジョン・ニーダム
(1713 ～ 1781)

　微生物が自然発生するかどうか？　この問題と本格的にとりくんだ一番手は、イギリスのジョン・ニーダム（一七一三～一七八一）というカトリック教会の神父でした。レディの論文を読んで、そのことが微生物にもあてはまるか否かを、実験によってたしかめようと考えたのでした。

　彼は、ヒツジの肉でスープをこしらえました。これをガラスのビンにつめ、コルクできつく栓をし、ビンごと熱い灰に埋めました。こうしておいて冷却し、数日たったところ、中身のスープがにごりはじめました。そこでいそいで栓を開け、スープを顕微鏡で調べると、たくさんの微生物が観察されました。

　ニーダムは、考えました。

「あらかじめ内部にいた微生物は、加熱によって死滅させた。外部にいたものが、入り込めるはずはない。だからこれらは、自然発生したとしか考えられぬ」

　彼はこの実験の結果を、『顕微鏡的方法によるいくつかの新発見にかんする報告』という論文にまとめて、発表しました。

　このころ、フランスに、ジョルジュ・ルイ・ビュフォン（一七〇七～一七八八）という科学者がいました。パリ植物園の園長で、進化論の先駆者でもあり、フランスのみならず、当時のヨーロッパの学界の実力者でした。このビュフォンが支持してくれたため、ニーダムの研究は、ひろく知れわたりました。ニーダムはさらに、マメのスープや各種の植物の煮汁などで、おなじ実験を行ない、つねにおなじ結果を得ました。

ところが、イタリア人のラザロ・スパランツァーニ（一七二九〜一七九九）という、これまたカトリックの神父が、ニーダム説に対して疑問を持ちました。スパランツァーニもレディの論文を読んでみましたが、ニーダムと反対に、自然発生説を否定する考えに共鳴しました。そういうとき、ニーダムの論文が、発表されたのです。

「ニーダムの実験には、欠陥があるにちがいない」

ラザロ・スパランツァーニ
（1729 〜 1799）

スパランツァーニはこの点を検討してみて、もし問題があるとすれば、次の二ヵ所だと気がつきました。

「ひとつは、加熱による殺菌が、充分ではなかったこと。ひとつは、コルク栓による密封が、不完全なこと。ニーダムのいう自然発生とは、ビンの中で生き残った微生物が増えたか、栓のすきまから入ったか、どちらかにちがいない」

そこでスパランツァーニはさらに厳密な実験を行ないました。

まず、ガラスのフラスコをたくさん用意し、その中へ、植物のたねで作ったスープをいれました。そしてフラスコごとに、最低五分間から、最高一時間まで、時間を変えて加熱しました。しかもそれらを二組ずつつくり、一方はコルクで栓をし、一方は、フラスコの口を火であぶり、ガラスをとかしてつぶし、すきまのないよう完全密封しました。

　こうして、数日おきました。

　コルク栓をしたフラスコでは、加熱時間に関係なく、ぜんぶ微生物が発生しました。しかし完全密封したほうは、短時間加熱したものだけ発生し、四五分以上加熱したものには、まったく発生しませんでした。

「完全密封したフラスコの内部は、外部と完全に遮断されている。それでも、加熱時間が短いと、微生物が生じる。これは前からいたものが、死滅しなかったためだ。また、長時間加熱しても、コルクで栓をしたときは、微生物がわく。栓のすきまから、外部にあった芽胞（がほう）（菌類や植物が作る生殖細胞）が入り込むからだ。じゅうぶんに熱をくわえ、完全に密封しておけば、微生物が発生しない。これは自然発生説を否定するものである」

　スパランツァーニは『科学小論』という著書をあらわし、ニーダムの説にたいする批判を行ないました。

　ニーダムは、それを読みました。だが、彼もまた、さすがにすぐれた科学者でした。スパランツァーニとおなじ実験を、さっそく自分でやってみたのです。結果は、スパランツァーニのいうとおりになりました。

　しかしニーダムはこれによって、自然発生説が否定されるとは思いませんでした。

「フラスコの中の微生物は、スープの原料の物質から、自然発生により生じたものだ。ただし、自然発生がおこるには、一定の条件が必要である。すなわち、〈正常な空気〉の存在である。長時間加熱すれば、空気の性質が破壊される。完全密封してしまえば、外界の空気がはいってこれない。このために、自然発生の進行が阻害される」

ニーダムは、このように主張しました。同一の実験を行ない、同一の結果を得ながら、解釈はまっこうから対立したわけです。コルク栓と完全密封のちがいを、スパランツァーニは、外界の微生物の芽胞がはいりこめるか否かのちがいだと言い、ニーダムは、外界の空気がはいれるか否かのちがいだ、と言うのでした。おなじ現象に関連して、解釈はいくとおりもあり得ることを、これはしめしています。

このままでは、水掛け論にしかなりません。さきにすすむには、さらに二種類の実験が必要でした。ひとつは、長時間加熱による空気の変質を、じっさいに調べることです。もうひとつは、外界の空気ははいれるけれど、微生物の芽胞は絶対にはいれないという装置をつくり、実験をやりなおすことです。たとえ空気がはいっても、芽胞がはいらないかぎり、微生物はわかないということがわかれば、スパランツァーニの主張の正しさが立証されるのです。しかし、スパランツァーニには、ついにそういう装置を考案することが、できませんでした。また、空気の組成を分析することも、当時の化学では困難でした。

ニーダムとスパランツァーニの論争は、いずれが正しいかの結論を出せぬまま、次の世紀までもちこされることになりました。

自然発生説の勝利（？）

ニーダムとスパランツァーニの論争をつうじて、ひとつの事実があきらかになりました。それは、長時間加熱したうえ、完全密封してしまったガラス容器の中では、微生物がわかない、つまり物質が腐敗しない、という事実です。その原因をめぐって、ふたりは対立しました。しかし、以上の事実だけは、両者がともに証明してみせたのです。

原因はどうあれ、確実な事実だけ応用し、実生活に役だてようと考える人物が出ました。フランス人のニコラ・アペール（一七五〇～一八四〇）です。彼は世界ではじめて、「ビン詰」というものを考案しました。

ニコラ・アペール
（1750～1840）

そのころ、ヨーロッパの各国は、海外に植民地をもち、軍艦や商船の往来がひんぱんに行なわれていました。ながい航海のあいだ、乗組員たちをこまらせたのが、野菜の不足でした。そこで、野菜を長期間保存する方法が、求められていました。アペールはこの目的のため、スパランツァーニとニーダムの実験結果を利用したのです。彼はグリンピースと水を、ガラスのビンにつめて、完全密封しました。それをビンごと、煮えたった湯の中で、四五分以上加熱しました。このように処理したグリンピースは、ビンをあけないかぎり、いつまでもくさりませんでした。

アペールの研究は、当時のヨーロッパ各国の要望に、見事こたえました。フランス政府からは、多額の賞金が送られました。原因と結果が、ことごとくあきらかにならずとも、わかったところだけ利用し、技術的に役だてることは可能なのです。科学の歴史において、このようなことはしばしばおこります。

アペールの使用した広口ビン

一方、ニーダムとスパランツァーニの論争を知って、またべつの興味をいだく人も出ました。化学者として知られたゲイ・リュサック（一七七八〜一八五〇）です。ゲイ・リュサックは、密封したビンの中の空気に注目したのでした。

スパランツァーニとの論争で、最後にこうニーダムは言っていました。

「加熱したうえ外界から遮断されたビンの中の空気は、破壊され変質してしまっている。だから自然発生がおこらないのだ」

ゲイ・リュサック
（1778 〜 1850）

ゲイ・リュサックはニーダムの主張を知って、そこから問題を発展させようとしました。

「空気が破壊されたというのは、事実だろうか？　事実ならば、気体としての性質に変化がおきているにちがいない。化学分析によって、つきとめてやろう」

ビンの中身のうち、グリンピースではなくて、空気のほうに関心をむけたのです。いかにも化学者らしい態度と言えるでしょう。おなじ出来事であっても、そこからなにを学ぶか、いろいろな可能性があるわけです。

ゲイ・リュサックは、空気をつよく加熱して、化学分析にかけました。その結果、ふつうの空気にくらべて、酸素の含量がはるかに少なくなることがわかりました。

「酸素の有無と、微生物の発生と、関係があるにちがいない」

そう考えたゲイ・リュサックは、さらに確認するため、次のような実験を行ないました。まず水銀気圧計を利用して、ガラス管の内部を真空状態にします。そしてその中へ、ブドウ汁を注入しました。ブドウ汁といっしょに、外界の微生物がはいりこまぬよう、殺菌にはじゅうぶん注意しました。そうしてしばらくおきましたが、ガラス管の内部のブドウ汁にはなんの変化もおこりません。それから、ゲイ・リュサックは、おなじその内部へ、酸素の気泡を送り込んでみました。きたなくにふれたことで、ブドウ汁は変わりはじめました。酸素にごり、腐敗しだしたのです。ゲイ・リュサックはそのブド

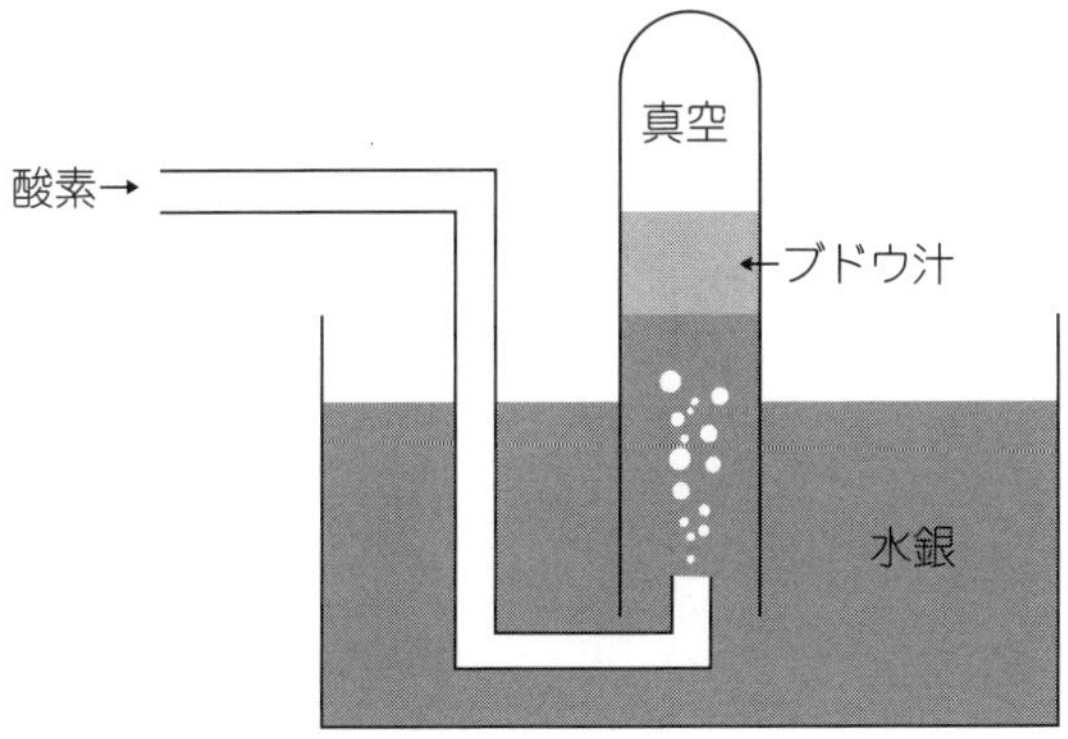

ウ汁を出し、いそいで顕微鏡のもとにおきました。はたしてこの中には、おびただしい微生物がわいていました。

「ブドウ汁の中へ、外部から微生物がはいったはずがない。結局、これらは、自然発生したとしか、考えることができない。つまり、酸素の供給が、自然発生をひきおこしたのである。ニーダムの主張したとおりではないか！」

ゲイ・リュサックはそのように結論しないわけにはゆきませんでした。スパランツァーニとその支持者にとっては手痛い打撃でした。だが、実際はどうだったのでしょうか？　じつはゲイ・リュサックの利用した水銀気圧計とその水銀に、微生物の芽胞がくっついていたのです。酸素にふれて、この芽胞が活動をはじめ、微生物の集団へと成長したのでした。それに気づかなかったのは、ゲイ・リュサックの失敗でした。よっぽど注意して実験を行なったつもりでも、おとし穴は意外なところにあります。注意のうえにも注意が必要だという教訓でしょう。

とはいえ、「微生物の自然発生はあるのだ」という意見が、ふたたび有力になりました。

「やっぱり、むかしから言われてきたことが、正しかったのだ」

人々はそう思いました。そして一時にせよ、自然発生説に疑問をもったことが、なんともばかばかしく感じられました。

「自然発生という現象は、まちがいなくおこるのだ。次の問題は、それがおこるときのようすを、実験および観察によって、さらにくわしく、つきとめることだ」

多くの研究者が、そのように考えました。なかでもはりきったのが、フェリクス・プーシェ（一八〇〇～一八七二）という人でした。ルーアンという町の科学博物館長をつとめ、そのころフランスで有名な学者です。

「どう考えてみても、私には、自然界で生物の生じてくるひとつの方法が、自然発生であると確信された。それをはっきり証明するには、どのようにすればよいか、くふうしてみよう」

そして、次のような実験を、あみだしました。

まず、水槽に、水銀をいれます。一方、ガラスのフラスコに湯をみたし、ふっとうさせます。そのフラスコを、さかさまにして、水槽の水銀の中へ立てます。ついで、湯が冷えてきたら、フラスコの中へ、酸素をポンプでおくります。そうしておいて、枯草の数片を、じゅうぶんに加熱

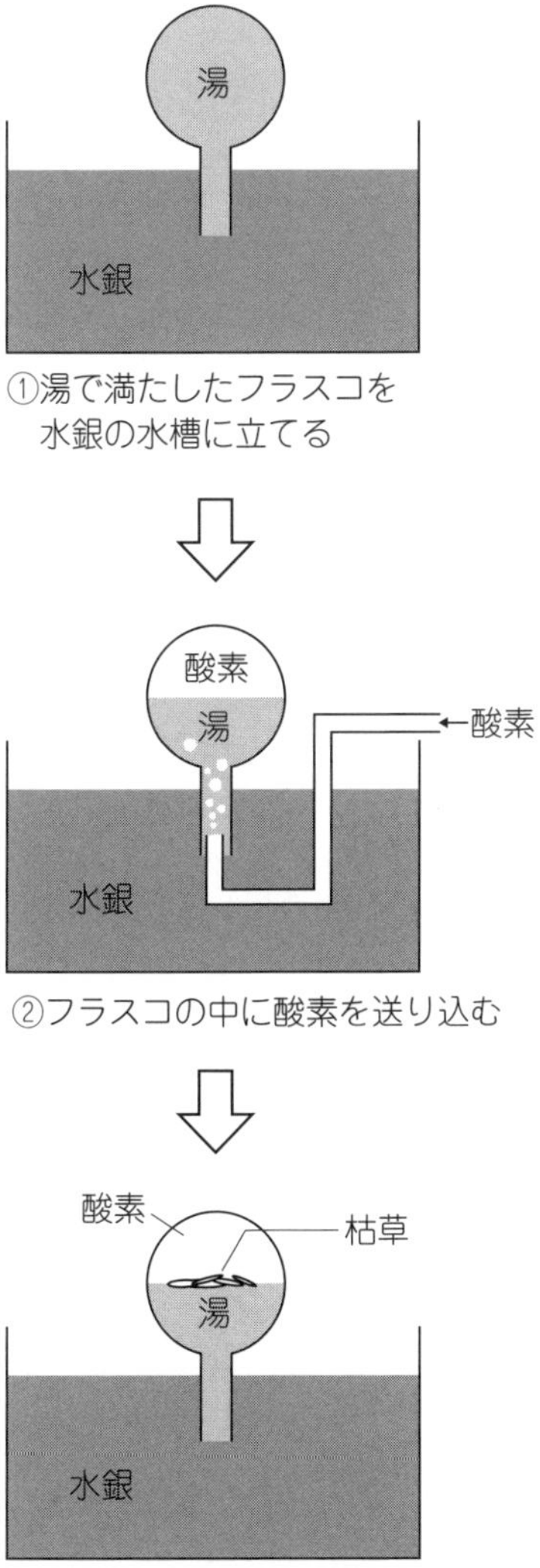

①湯で満たしたフラスコを水銀の水槽に立てる
②フラスコの中に酸素を送り込む
③フラスコの中に加熱殺菌した枯草を押し込む

してから、フラスコへおしこみます。

それから、数日たちました。フラスコの中の水が、にごりはじめました。顕微鏡で調べてみると、はたして多数の微生物がわいています。これらの微生物はどこからきたのでしょうか？

「ふっとうするまでわかした湯に、微生物や芽胞のいるわけがない。同様に、枯草も加熱して、殺菌を行なった。酸素も、無菌のものを用意した。つまり、フラスコの中へ、外界にいた微生物やその芽胞が、ぜったいにはいれるはずはなかった。それでもわいたのだから、自然発生説は証明された！」

プーシェは、さらに頭をしぼって、自然発生のおこるすじみちを、次のように考えました。

「微生物が自然発生する場所は、いつも有機物（生物の身体の一部）にかぎられている。有機物がくさってくると、そこから、微生物が生じるのだ。結局、生物の身体をつくっている物質に、新しい生命をわき出させる力があるにちがいない。くさって、いったん分解したものが、ふたたびくっつきあい、微生物に変わるのだろう」

自分の実験のすべてと、それをもとに考えついた理論を、プーシェは書物にまとめました。『新事実にもとづく自然発生説』という題で、七〇〇ページにもたっする厚い本になりました。一八五九年のことです。

「プーシェ氏の努力で、自然発生説は完成された」と、たいていの人が思いました。プーシェと弟子たちは、得意の絶頂にあります。ところがこのとき、ひとりの科学者が、異論をとなえました。その科学者はパスツールと言いました。

パスツールの登場

ルイ・パスツール
（1822～1895）

フランスとスイスの国境に近いジュラ山脈のふもと、アルボアという町の皮革工場の子であったルイ・パスツール（一八二二～一八九五）は、教育に理解の深い父親のすすめもあって、パリ高等師範学校へ入学しました。在学中は化学を専攻し、卒業ののち数年の研究生活をおくり、あらたに新設されたリール理科大学教授に就任することになりました。当時の彼はひきつづき化学を勉強しており、のちに〈生物学者〉として名声をとどろかせようとは、おそらく本人も予想しなかったことでしょう。

リールの町は、製糖業の中心地でした。砂糖の原料には二種類あります。サトウキビとサトウダイコンです。サトウキビはおもに熱帯で、サトウダイコンは寒冷な土地で、それぞれつくられます。リールではサトウダイコンを利用した製糖業がさかんに行なわれていました。

そんなある日、パスツールのところへ、ひとりの町の工場主がたずねてきました。その人は学生の父兄で、サトウダイコンからとれた砂糖を原料として、アルコールをつくりだす仕事をしていました。

「私の工場では、大きな樽に糖液をいれ、これに酵母菌をくわえておきます。そうすると糖液が発酵をはじめ、やがてアルコールに変質するのです。ところが、おなじようにやっても毎年いくつかの樽は、アルコールになりません。このため、相当な損害をうけます。原因がかいもくつかめず、こまっています。先生のお力で、理由をつきとめていただけませんか」

パスツールはいささかめんくらったことでしょう。こんな問題を手がけたことはなかったからです。しかし、彼は、言いました。

「よろしい、やってみましょう」

調査を引き受けた理由のひとつには、リール理科大学の創立にさいし、町の人びとがずいぶん協力してくれたことがあります。それにたいする、恩がえしの気持もあったのです。さらに、物質の発酵する現象は、パスツールの専門とする化学と、関係のふかい分野でもありました。

有機物（生物のからだをつくっている物質で、炭素をふくんでいるもの）が化学変化をおこし、アルコール類や有機酸類に変わることを、「発酵」とよびます。発酵をひきおこすはたらきをするのが、生きた酵母菌です。ごくごく簡単にたとえれば、酵母菌が有機物を餌として食いつくし、かわりにアルコール類を排泄するといえばよいでしょう。しかし、こういったことは、当時まだわかっていませんでした。

そのころ、ドイツに、ユストフ・リービッヒ（一八〇三〜一八七三）という有名な化学者がいました。この人が、発酵にかんして、

「有機物と、酵母菌のからだの一部分をなす物質とが接触したとき、有機物の側に変化がおこり、化学組成が変わって、アルコールなどになるのである」

と主張していました。つまり、発酵とは、物質と物質が組み合わさって生じる、純粋な化学

反応だということです。

これにたいし、カニヤール・ド・ラ・トゥール（一七七七〜一八五九）というフランスの学者は、異説をたてました。

「発酵している最中の有機物の液を顕微鏡で調べると、酵母菌は生きていて、さかんに増殖を続けていることが分かる。つまり発酵という現象は、リービッヒ氏の主張するような、ただの化学反応ではなく、生物によっておこされるものである」

しかし、当時の学界では、リービッヒの学説を支持する人びとがほとんどで、ド・ラ・トゥールの意見は、みとめられていませんでした。

腐敗もまた、発酵とおなじく、有機物が別種の物質に変化することです。食べ物がくさるというのは、食用になる有機物が、食用にならない有毒な物質へと、変わってしまうことです。そうなった物質を顕微鏡で調べると、いつもかならず、大量の微生物が見い出されます。

「発酵した物質の中から、また腐敗した物質の中から、自然発生によって、これらの微生物がわいてくるのだ」

自然発生説を支持する人びとは、そのように考えていました。

このように、「発酵も腐敗も、なんらかの原因で物質が化学変化をおこすことだ」とみなされたのです。化学者のパスツールとしては、無視するわけにゆきません。彼はたのまれるまま、その人の経営する工場へ案内されました。

広い倉庫に、糖液をいれた樽が、ズラリとならんでいます。パスツールは、アルコールがうまくできている樽とそうでない樽とから溶液をくみとり、べつべつのビンにつめて研究室へもちかえりました。そしてまず、それぞれの溶液の中身を、顕微鏡でとくとながめました。

アルコールのできつつある溶液の中には、おびただしい酵母菌がいて、さかんに増殖をつづけています。カニヤール・ド・ラ・トゥールの言っていたとおりです。ところが、アルコールのできない溶液のほうは、酵母菌がぜんぜん見えません。そのかわり、細長い灰色の粒がいっぱい浮いています。よく見ると、それらは動いており、あきらかに微生物の一種です。

「なんだ、これは？　それにしても、酵母菌はどこへいったのだろう？　あの工場主の話だと、この樽にも同じように生きた酵母がいれてあるはずだが――」

パスツールは問題のこの溶液を、化学分析にかけてみました。するとアルコールにかわって、大量の乳酸が検出されました。

そのとき、彼の頭にひとつのアイデアがひらめきました。

「ド・ラ・トゥール氏の言ったとおり、酵母菌が有機物を食って、アルコールに変えるのにちがいない。同様に、この灰色の生き物が、糖液を乳酸に変化させているのではないか？」

彼はさっそく、実験を行なって、この考えをたしかめました。

彼はまず、工場主がつかっているのとおなじ、サトウダイコンの溶液を用意しました。そしてその中へ、加熱して死なせた酵母菌――つまり酵母菌の死体をいれました。リービッヒの主張するとおりなら、死体の物質がくわえられたことで、アルコール発酵がはじまるはずです。しかし、いくら待っても、それはおこりませんでした。

そこでこんどは、おなじ溶液に生きたままの酵母菌をいれました。数日後、溶液はアルコールへと変質しはじめました。同時に、顕微鏡で調べると、その中では酵母菌がさかんに増殖を行なっています。

「やっぱり、ド・ラ・トゥール氏の意見が正しい。アルコール発酵は、生きた酵母菌のはたらきによるものだ」

彼はそのように、結論しました。

次に、問題の乳酸です。パスツールはふたたび、アルコールをつくるのとおなじ糖液をこしらえ、さきの糖液から採集した灰色の微生物をいれてみました。数日たつと、微生物はおびただしくふえ、また溶液の中身が乳酸に変わっていました。

「酵母菌がアルコールをつくるように、この灰色の生き物が乳酸をつくり出す。発酵や腐敗という現象は、すべて微生物によって行なわれる。きっと、そうにちがいない！」

パスツールは、さきの依頼主に、このことを知らせました。ですが、依頼主のほうは困惑してたずねました。

「なるほど、原因はよくわかりました。しかし、その灰色の微生物の奴は、どこからくるのでしょうか？　これがわからないと、ふせぎようがありません」

パスツールは、重大なことを指摘されたのです。

「そうだ！　それこそ、いちばんかんじんな点だ。発酵や腐敗は自然界でもひとりでにおこることだ。つまり、微生物の群れがどこからかやってきて、有機物にとりついているということだ。いったい、そいつらはふだんどこにいるのだ？」

彼は、新しい疑問につきあたりました。それはまた、自然発生説にたいする疑問でもありました。

「発酵や腐敗をおこしている有機物には、つねにたくさんの微生物がわいている。自然発生説によれば、有機物が変質したのち、その一部が変わったからである。しかし、私の実験によると、まず微生物がどこからかやってきて有機物に付着し、それから物質の変化がひきおこされる。自然発生説で言っているのとは、原因と結果の関係がさかさまなのだ」

疑問をいだいたまま、ほどなく、パスツールはリールの町をはなれ、母校のパリ高等師範学校の教授に転任することになりました。

ちょうどそういうとき、前章で紹介したプーシェの論文が発表されたのです。自然発生説の正しさを実証したと称するプーシェに対し、パスツールはがぜんライバル意識をもやしました。

最後の挑戦

「羊肉のスープや、枯草の煮汁がくさると、そこにはかならず微生物の大群がわいている。しかし、これらは自然発生によって、そこから生じたものでは断じてない。実際はあべこべで、これらが付着したればこそ、くさるという現象がおこったのだ」

パスツールはそう判断しました。そして、スパランツァーニとおなじことを考えたのでした。

「微生物の親から生じた芽胞が、空気中に浮遊しており、これが有機物につくにちがいない」

彼はこのいきさつをあきらかにし、プーシェに代表される自然発生説を論破してやろうと決心しました。このことを知って、恩師や友人たちは、さかんに忠告しました。

「それは危険だ。やめたほうがよい。過去にいく人もの学者が、おなじことをめざしたものの、結局はだれひとり成功しなかったではないか。底なしの泥沼にはまりこむはめになるぞ。せっかく化学者として業績を認められるようになってきたのだから、それひとすじにすすんだほうが、君自身のためだ」

しかし、パスツールはあえて、いったんきめた決意をつらぬくことにしました。

パスツールの実験のすすめ方は、きわめて着実です。

彼はまず、〈空気の中に微生物の芽胞が多数ふくまれている〉ということから、あきらかにしようとしました。彼は長い管の一端を戸外へ出し、もう一端を室内にいれて、水流ポンプとつなげました。こうすると、水流のいきおいで、戸外の空気が、管の中へ吸いこまれます。その管の中には、あらかじめ消毒した火薬綿をつめておきます。空気にふくまれるごみの類いは、途中でその火薬綿に吸着されるわけです。

こうして採集した空気中のごみを、パスツールは化学溶液にひたして、沈殿させてみました。それから沈殿物の内容を、顕微鏡によって調べてみました。はたして、その中には微生物の芽胞とみなされるものが、おびただしくふくまれていたのです。

「空気中には、微生物のもとが、無数にただよっているのだ。したがって、有機物にくっつく機会は、いくらでもあるわけだ。次の問題は、〈これらだけが、発酵や腐敗をひきおこす唯一の原因である〉ということをつきとめることだ」

パスツールは羊肉スープをフラスコにいれ、じゅうぶんに加熱してから、完全密封してみました。いく日たっても、内部のスープは腐敗をおこさず、また微生物の発生もみとめられません。しかし、これだけでは、スパランツァーニのやったことを、たんにくりかえしただけにすぎません。スパランツァーニにたいするときとおなじく、「空気を破壊して、自然発生を不可能にした」という批判を、あびせられることになるでしょう。

「新鮮な空気をいくらあたえても、微生物の芽胞が外界からはいらぬかぎり、発酵も腐敗もおこらないという事実を、証明してみせなければならないのだ」

パスツールはこのことを、よくわきまえていました。

しかし、どのようにしたら、これを実験によって、証明することができるでしょうか。スパランツァーニには、ついにその方法が分からなかったのです。

だが、パスツールはくふうをかさねたすえ、とうとうこれに成功しました。というより、これは意外に簡単であったのです。

パスツールが考案したその道具は、「白鳥の首のフラスコ」とよばれています。ガラス製のフラスコの首の部分を、火であぶってやわらかくし、左の図のようにひきのばしたものです。そして、フラスコの中身のところへ到達するには、かならず下から上へ向かってすすまねばならないよう、くふうがなされています。

パスツールはこの「白鳥のフラスコ」の中へ、腐敗をおこしやすい有機物のスープを入れ、火にかけて加熱しました。スープは沸騰して、フラスコの口から、さかんに蒸気がふき出します。しばらくそうしておいてから、フラスコを冷却しました。フラスコの中の空気の容積は縮少し、口から外界の新鮮な空気が吸入されました。しかし、そのままいくらおいても、スープはくさり

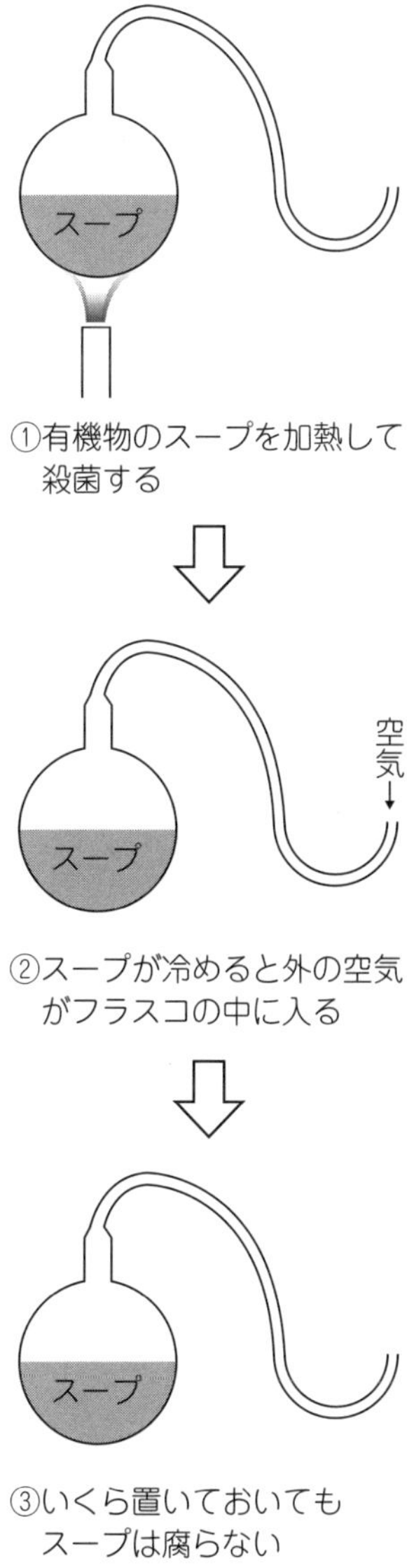
スープ
①有機物のスープを加熱して殺菌する
空気
スープ
②スープが冷めると外の空気がフラスコの中に入る
スープ
③いくら置いておいてもスープは腐らない

ません。

「空気ははいるけれども、空気中の微生物の芽胞は、フラスコの首の内側にたまった湿気に吸着されてしまう。新鮮な空気がはいっても、微生物の発生はあり得ない事実が証明された」

パスツールはよろこびました。ですが、まだ証明しなければならないことが残っているのです。

「空気中の微生物の芽胞が、フラスコの首の部分に付着されたこと、それが有機物を腐敗させる原因であることを、はっきりさせなければならない」

パスツールはフラスコの口に栓をし、それから力いっぱいゆさぶりました。中のスープがジャブジャブと、首の部分へあふれ出ます。フラスコの首に吸着されていた芽胞が、スープによって洗われ、内部へ流れこんだはずです。すべてが、その予想どおりすすみました。数日ののち、はたしてスープはくさりはじめ、大量の微生物がみとめられたのです。

けれども、パスツールはあくまで、慎重そのものでした。これだけでは、まだ不安があると思ったのです。

「この細い、おまけにまがりくねった首をとおって、どれくらいの量の空気が、スープのところまでとどくだろうか？　自然発生がおこるには、新鮮な空気がまだ少なすぎると、とうぜん批判されるにちがいない」

そこで彼は、次の手段をくふうしました。微生物の芽胞が浮遊していない空気をさがし、ぞんぶんに有機物とふれさせて、それでも腐敗がおこらないという事実を証明してみせることです。

しかし、そんなおあつらえむきの空気が、どこにあるでしょうか。

「微生物の芽胞は、自力で空中をとぶものではない。空気の流れにのり、ごみに付着して、移動するのだ。空気のまったく動かない場所なら、ごみは落下して床につもり、芽胞もまた浮遊していないはずだ」

そのような場所はないものかと、パスツールはさがしました。その結果、パリ天文台の地下室がみつかりました。そこは当時、使用されておらず、人間の出入りがまったくありません。空気はよどんだまま、静止していました。

パスツールはそこの使用許可をもらいました。それから、煮たてたスープをつめたのち密封したフラスコを、十個ほど用意して、その場所にはこびました。内部の空気を動かさぬよう、すべての動作は慎重になされなければなりません。

パスツールは地下室の中でフラスコの口をあけ、中身のスープを空気にふれさせたのち、これも持参したアルコールランプを用いて、ふたたび密封しました。数日ののち、一個のフラスコに、微生物がわきました。しかし、残りの九個は、まったく変化をおこしません。一方、おなじ実験を、庭さきで行なったところ、こちらは全部のフラスコに、微生物が発生しました。

パスツールはさらに念をいれて、うらづけを行ないたいと考えました。

「空気中にふくまれる芽胞の量と、フラスコ中に発生する微生物の量とが、比例していることをあきらかにしたい。これによって、空気中の芽胞こそ、微生物の唯一の発生源であることが、間接的に証明される」

彼はそれを行なうのに、うまい方法を思いつきました。

「山のふもとの空気は、ごみが多くて、よごれている。しかし、頂上へ近づくと、空気がきれいになる。微生物の芽胞も、少ないにちがいない」

彼は郷里にちかいジュラ山脈や、スイスのモンブランを、その場所にえらびました。そしてそこでも天文台の地下室とおなじ実験が、行なわれました。結果は、予想どおりです。ふもとで開口したフラスコには、ことごとく微生物がわきました。しかし、山頂で開口した場合は、ほとんどわかず、発生率はそれぞれの場所で採集した空気の中にふくまれている芽胞の量に、ほぼ比例していました。

「このうえは、軽気球にのって、大空のかなたまでいってみたい！　そこの空気には、微生物の芽胞など、皆無にちがいない。そういう場所では、いかなる有機物も腐敗しないことを、直接証明してみせたい！」

しかし、それを実行するのは、困難にすぎました。

パスツールはついに決断し、これまでの実験のすべての成果を公表して、自然発生説の否定を主張したのでした。

その報告は、もちろんプーシェを驚かせました。しかしプーシェもさすがにすぐれた科学者です。スパランツァーニにたいしてニーダムが行なったごとく、彼もまた、パスツールの実験を再現してみました。彼は材料として、つねに枯草の煮汁を使いました。ところがその結果は、パスツールの発表とちがい、山の頂上であれ、どこであれ、かならず大量の微生物が発生したのです。

こうして両者は、まっこうから、対立してしまいました。スパランツァーニとニーダムのように、同一の結果をめぐって、意見だけが反対になったのではありません。実験の結果そのものが、ちがってしまったのです。

ジョン・チンダル
（1820 ～ 1893）

しかし、イギリスの科学者、ジョン・チンダル（一八二〇～一八九三）が、ついにこれに結着をつけました。枯草の中には、高熱に耐えて生きぬく種類の微生物のいることがわかったのです。プーシェはいつも、枯草を実験の材料に利用していました。加熱殺菌したつもりが、そうなってはいなかったのです。彼のフラスコに、いつも微生物がわいたのは、自然発生でもなければ、外部から侵入したのでもなく、前々から生き残ったものが、ふたたび増殖したのでした。実験を失敗させる伏兵は、意外なところにあったのです。

こうして、パスツールの主張が、広くみとめられました。自然発生説はとうとう、最後のとどめをさされたのです。それにしても、自然発生説の当否というたったひとつの問題をめぐり、自然科学の歴史のすべてに共通するさまざまな出来事が、あいついでおこったことは興味を呼びます。

ものが燃えるのは どうしてか

大沼正則

ラボアジェ（1743～1794）と妻のマリー

「燃えるもの」フロギストン

ろうそくの炎はとてもきれいです。

部屋を暗くして、炎をじっと見ていると、いろいろなことが心にうかんできます。誕生日やクリスマスの夜のこと、小さかったころのこと、おとなになってからのこと……。

ろうそくの炎をながめながら、きょうは、物が燃える（燃焼する）しくみを解明するために、どれだけの科学者が心を躍らせ、研究を重ねてきたか、というお話をしましょう。

中学一年生の科学の教科書を見ますと、燃焼とは、「物質が酸素と化合して、いっぺんにたくさんの熱と光を出すこと」などと書いてあります。なるほど、ろうそくは、こんなに明るいし、炎に手をかざすと、熱く感じます。たしかに熱と光とが出ていることがわかります。けれども、物質（この場合はろう）が酸素と結びついているなんて、いったいどうしてわかるのでしょうか。酸素は目に見えないガス（気体）なのですから……。
私は、この目に見えない酸素ガスが、物が燃えるときに、だいじな働きをしていることを最初に見つけた人は、とてもすぐれた科学者だと、いつも思います。その科学者こそフランスのラボアジェ（一七四三〜一七九四）で、今からおよそ二〇〇年ほどまえに活躍した人です。

では、ラボアジェ以前の人たちは、「燃焼」という現象をどのように考えていたのでしょうか。おもしろいことに、三〇〇年ほど前の人は現代とはまるで反対に考えていたのです。物が燃えるのは酸素が結びつくのではなくて、逆に、物からなにものかが出ていくのだと考えたのです。「ずいぶんおかしな考えだな」と思うかもしれませんが、ろうそくの炎をよくごらんなさい。さかんに熱や光や、ときには煙やススまでが出てゆくではありませんか。それに、木や紙を燃やして残った燃えかすは、もとのものよりずっと軽くなっています。ですから、ものが燃えるのは「なにものかが出てゆくことだ」と考えたのは、無理もないことでした。

そこで、三〇〇年ほど前のドイツの医者で化学者のベヒャー（一六三五〜一六八二）とかシュタール（一六六〇〜一七二四）とかいう人たちは、物が燃えるのは、その物の中にある「燃えるもの」があって、それが出てゆくことだと考えたのです。

彼らはその「燃えるもの」に「フロギストン」という名をつけました。これは「燃える」を意味するギリシア語からとった名だと言われています。そして、よく燃えるものは、たくさんのフロギストンがふくまれているためだと考えたのです。燃えて出てきたフロギストンは、空気と混ざって人を息苦しくさせるとも考えられていました。

たとえば、木炭や石炭などは、よく燃えますからたくさんのフロギストンがふくまれていると考えました。そして、それらは燃えたあとすこしばかりの灰を残しますから、結局、「木炭や石炭は、たくさんのフロギストンと少量の灰でできている」と考えたのです。今では、木炭や石炭はたくさんの炭素のほかに不純物をふくんでいると考えられていますが、昔の人はまるでちがった考え方をしていたことがわかります。

それでも、このフロギストンをもとにした考え——「フロギストン説」は、ラボアジェによって打ち倒されるまでの一〇〇年ものあいだ、ヨーロッパのたくさんの科学者たちにずっと信じられてきたのでした。

きれいな空気を

　フロギストン説は、今から考えれば、まちがった考えです。けれども、このまちがった考えが、じつは科学の進歩にたいへん役だってきた、というと、みなさんはびっくりするかもしれません。それにはこんなわけがあるのです。

　現在、私たちはいろいろなガス（気体）を知っています。二酸化炭素（炭酸ガス）、水素ガス、そして酸素ガス……。これらのガスは今から二〇〇年ほど前からイギリスでつぎつぎと発見されたのですが、発見したイギリスの科学者は、みなフロギストン説を信じていたのでした。

　では、こうしたガスの発見に、フロギストン説が、どんなふうに役にたったのでしょうか。酸素ガスの発見を例にとりましょう。

　酸素ガスは一七七五年三月、イギリスの牧師で科学者のプリーストリ（一七三三〜一八〇四）という人によって発見されました。はじめの名を「フロギストンのない空気」と言いました。酸素という名はその二年後にラボアジエがつけた名前です。

ジョゼフ・プリーストリ
（1733～1804）

　そのころ、イギリスでは産業革命がはじまっていました。産業がすすみ、工場の煙突から出る煙は空にフロギストンをまきちらします。鉱山はますます深く掘られていき、深い穴の底にはえたいの知れぬガスが湧き、ときどき鉱夫たちを窒息させます。このガスもフロギストンと考えられていました。

プリーストリは、「このままでいったら空気はフロギストンでよごされ、しまいにたいへんなことになるぞ」と心配でたまりません。

そこでプリーストリは、産業のさかんなマンチェスターやバーミンガムなどの都市の空気を調べました（一七七九年）。その結果はまだそれほど心配するほどではなかったのですが、なんとか空気をきれいにしようというプリーストリのこの気持ちが、やがて「フロギストンのない空気」つまり酸素ガスの発見へと導いていくのです。

プリーストリはこう思いました。

「工場から煙が出ているのに、どうして空気はフロギストンだらけになってしまわないのだろうか」

「空気のよごれをいつもきれいにしてくれるなにものかが、きっとこの自然界にあるにちがいない」

「いったい、それはなにものなのだろう？」

プリーストリは、密閉したいれものの中でろうそくをともし、フロギストンでいっぱいになった空気、つまり「よごれた空気」をつくり、それを、なんとかきれいにするくふうを、手あたりしだいやってみました。例えば、彼は、そのよごれをとろうとして、布でいれものをいっしょうけんめい拭いてみたりもしました。でも、空気はきれいになりませんでした。

そんなある日、新聞を読んでいて、おもしろい記事を見つけました。「伝染病が流行しているのにイオウ工場のまわりには伝染病の病人がでない」という記事です。

「イオウの蒸気にはなにか〈よごれ〉をきれいにするはたらきがあるにちがいない」

こう考えたプリーストリは、さっそく、「よごれた空気」（＝フロギストンがいっぱいある空気）にイオウの蒸気を吹きこんでみました。「よごれた空気」というのを、「病気になった空気」と考え、これを消毒しようとしたようです。

これもやはりうまくいきませんでした。でも、はじめて新しいことをやろうとする人は、思い切り想像力を広げて、あとで考えるとこっけいと思われるようなことまで、徹底的に試してみるものなのです。

こんどは庭の土を、「よごれた空気」のいれものにいれてやりました。「病気になった空気には栄養をあたえるのがいちばんだ。庭土はいろいろな植物を育てる栄養分をふくんでいる」――こう考えたのかもしれません。しかし、結果はやはり失敗でした。

ところが、しばらくたってみると、このいれものの中で、小さな草花が生き生きと育っているではありませんか。庭土といっしょに入ったのでしょう。しかも、草の葉の上に小さな昆虫がいるのを、彼は見のがしませんでした。

「すっかりよごれた空気の中で、草花はそだち、昆虫は窒息もせずに生きている……そうだ、これだ」

プリーストリは、植物がフロギストンでよごれた空気をきれいにしてくれたのにちがいないと考えました。そこで、このことをたしかめるために、こんどはハッカの若木を使って実験してみました。ハッカの若木はフロギストンでよごれたいれものの中で成長し、その中へ小動物を入れてやっても、生きていられることがわかりました（じつは、この場合、いれものにはいっていた「フロギストンでよごれた空気」というのは、「二酸化炭素でいっぱいの空気」のことで、そして、植物が光の作用で二酸化炭素を吸い酸素をはいていることが、今ではわかっています）。

よろこんだプリーストリは、この発見をアメリカの友人フランクリンに手紙で知らせました。かみなりが電気であることを凧をあげてたしかめた、あのフランクリンです。すると、返事がきました。そこにはこう書いてありました。

「近ごろアメリカでもやたらに木をきりたおしてこまります。あなたの発見は、これに〈ストップ〉をかける大発見です」

現在、公害とか自然破壊とかで苦しんでいる私たちにも、身につまされる話ではありませんか。

こうして、プリーストリの実験によって、自然界における植物の大切な役割が見つかったのでした。しかし、こうした大発見も、プリーストリにとっては満足のいくものではありませんでした。プリーストリは、空気中にたまっていくフロギストンを減らすことから、さらにすすんで、「フロギストンのまったくない空気」を手に入れようと決心したのです。

「どうやったら、フロギストンのまったくない空気を手に入れることができるだろうか？」

プリーストリよりも前のイギリスの化学者たちは、いろいろな物質を燃やしては、出てくるガスを手あたりしだい調べていました。プリーストリも、おなじような研究をしていました。そうしてできた物質の中に、赤色水銀（酸化第二水銀）という物質がありました。水銀を長いこと炉の火で熱すると、その表面に赤色の皮のようなものができるのですが、赤色水銀はこれを粉末にしたものです。

プリーストリはこの赤色水銀を熱したら、どんなガスが出てくるかを、うまいしかけを工夫して調べてみました。

真空にしたいれものの中に赤色水銀をおいて、外から直径十二インチ（約三〇センチメートル）もある大レンズで熱し、出てくるガスを水銀の上にあつめて、とり出すのです。

ところが、この赤色水銀から出てきたガスに、ろうそくの炎をいれたとき、輝くばかりに燃えあがったのを見て、プリーストリはすっかりびっくりしてしまいました。

次に、このガスを入れたいれものに、はつかねずみを入れ、密閉しました。普通の空気を入れたいれものの中ですと、ねずみはやがて窒息してしまうのに、この場合にはいつまでも窒息せずに元気でいます。これもまたプリーストリには驚きでした。

プリーストリが驚いたのは無理もありませんが、実はこれが今ではよく知られている酸素ガスだったのです。

しかし、プリーストリにとっては、ことはそう簡単ではありませんでした。プリーストリの望みは、フロギスト

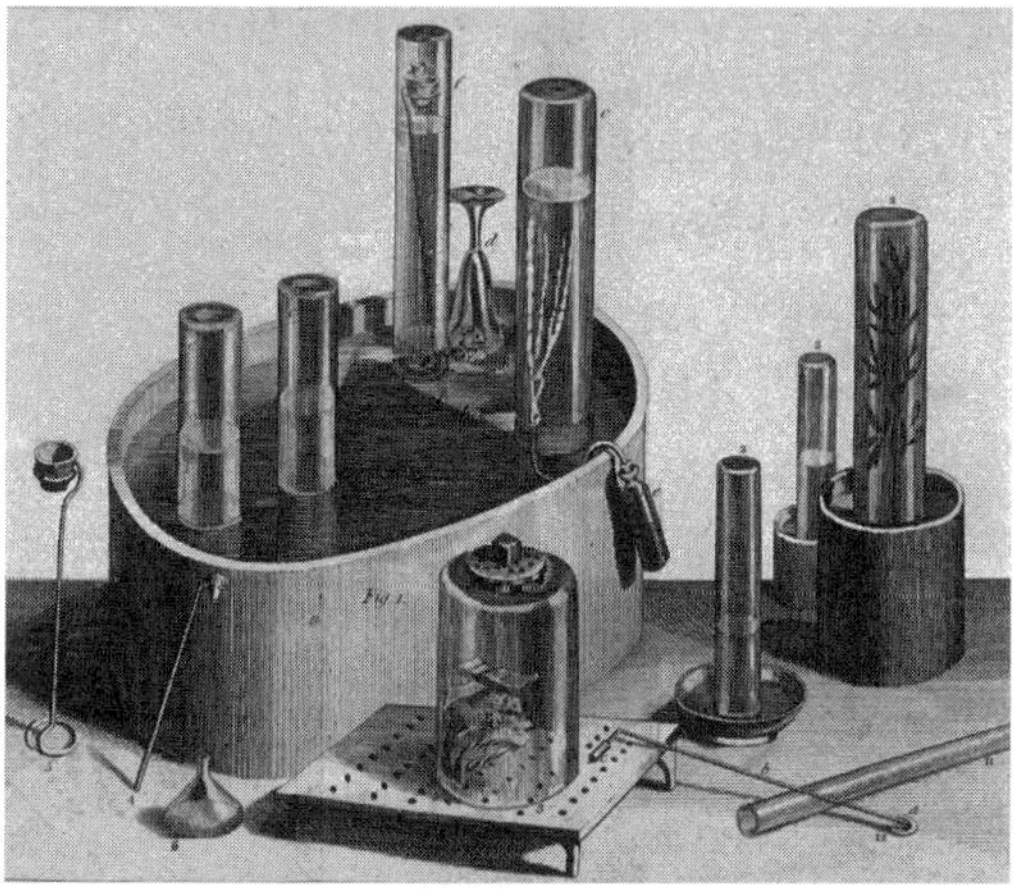
プリーストリの気体の実験装置。中央下部のガラス容器の中にねずみが入っている。

ンでよごれた空気をきれいにし、「まったくよごれのない空気」を手にいれたいということでした。なるほど、ふつうの空気の中でも物はよく燃えるし、呼吸もできますが、しかし、こんど手に入れたガスは、物を燃やす力も、呼吸をうながす力も、どちらもふつうの空気よりもずっと強いのです。

「それならば、このガスこそ純粋な空気、つまり、まったくフロギストンのない空気ではないだろうか」

こう考えたプリーストリは、このガスに「フロギストンのない空気」というややこしい名をつけたのでした。「物質が酸素と化合すること」という現在の燃焼についての考えと真反対のフロギストン説をとったことが、このような回り道をさせたのでした。

「重さ」に弱いフロギストン

しかし、このフロギストン説には、はじめからたいへんな弱点がありました。この説にはすじ道だった説明をしようと思ってもうまくいかないところがあったのです。真反対の考え方だからこそもっていた弱点と言ってよいでしょう。

それは、金属を燃焼させた時に、はっきり出てくる弱点です。

「金属も燃えるのですか？」と思う人もいるかもしれません。そうです。金属も燃えます。マグネシウムは燃やすと強い光が出るので、かつては写真を撮る時のフラッシュとして使われていました。鉄でもスズでも燃えます。燃焼して空気中の酸素と結びついて酸化物になるのです。このとき、その酸化物は、もとの金属よりもわずかですが重くなります。これを「金属の増重現象」と言います。

たとえば、天びんの一方の皿に鉄粉をのせてつりあわせ、鉄粉を燃やすと、しだいに天びんはこの皿の方に傾いてゆきます。

フロギストン説では、この現象をうまく説明できないのです。金属が燃えるとその中のフロギストンが出ていくのだから、かえって残りは軽くなるはずだからです。

「金属の増重現象」は、四〇〇年もむかし、ルネッサンスのころの鉱山ではたらいていた職人たちによって知られていました。ですから、三〇〇年前、フロギストン説をはじめて出したドイツの医者で化学者のシュタールも、じゅうぶん増重現象を知っていました。知っていましたが、この現象をたいしたものではないと考え、「なぜ金属が重くなるのか原因はわからぬ」と言ってみたり、「フロギストンは物に〈軽さ〉をあたえるものであるから、〈軽さ〉がなくなれば、残りはとうぜん重くなる」と言ったりしているのです。

そのほかの学者も、なんとか、この現象を説明しようといろいろな理由づけを考え出しました。

フランスのある学者は、フロギストンを「浮き」にたとえています。金属が燃えてこの「浮き」がはずされるから、残りは重くなるということです。

またべつの学者は、フロギストンは「マイナスの重さ」を持つと考えました。金属が燃えて「マイナスの重さ」が出ていくからプラスになるという計算です。

こういういろいろな説には、共通しているところがあります。それは、この自然界には「重さ」のある物のほかに「軽さ」しかない物があるという考え方です。

現在、私たちはそういう考え方をしていません。物質である以上どれにも「重さ」だけがあり、「重さ」の大小で「軽い物」と「重い物」とを区別しています。これが近代科学の考え方です。

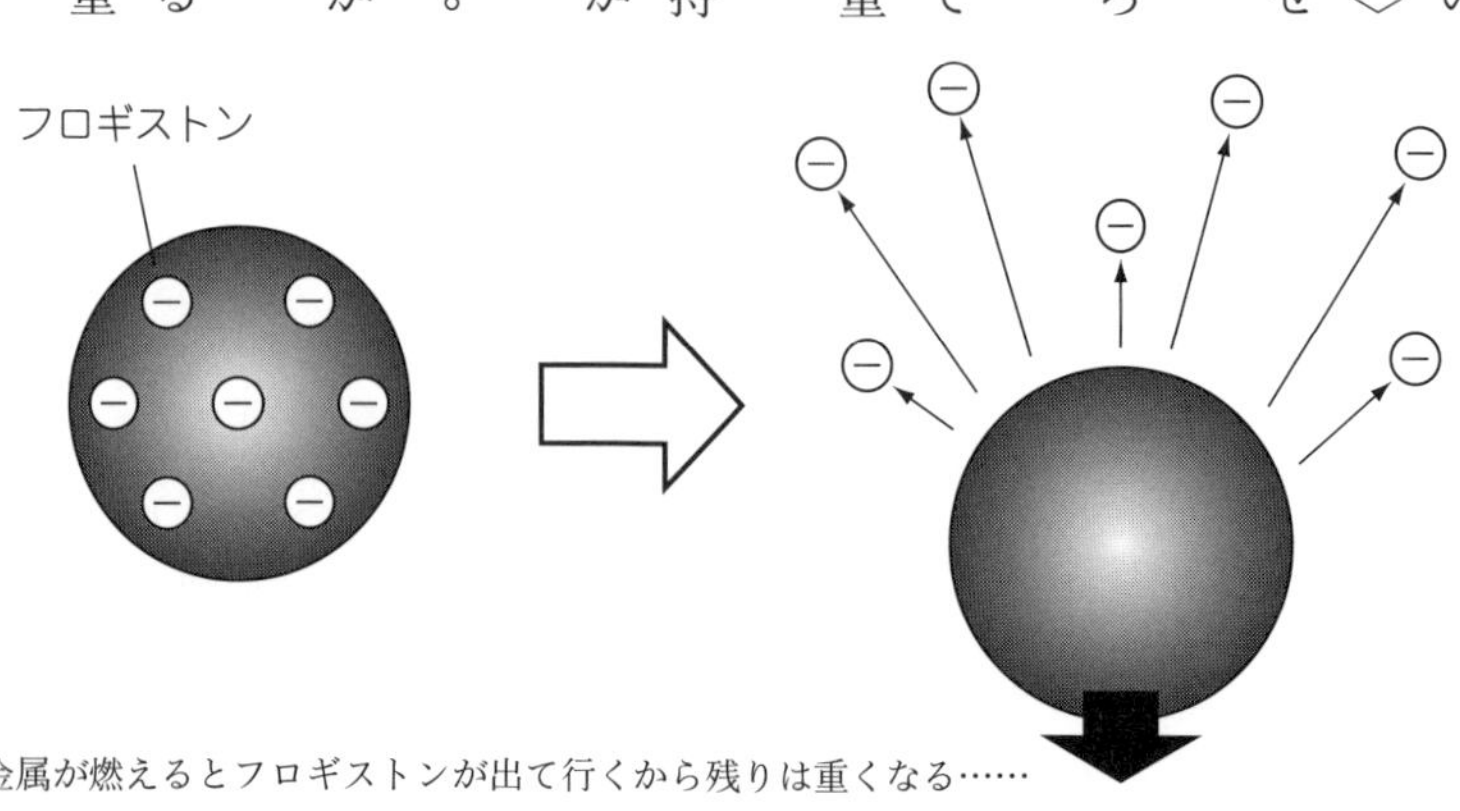

金属が燃えるとフロギストンが出て行くから残りは重くなる……

近代科学以前の考え方はそれとちがっていました。たとえば古代ギリシアの大哲学者アリストテレスは、地球上の物質はすべて四つの元素――火、気、水、土でできていると考えましたが、このうち火と気の元素とは、地球の中心から遠いところ、つまり上の方に自分のすみかをもっているので、上の方へ帰っていく。一方、土と水とは地球の中心の方へ、つまり下の方にもともとあるすみかへもどるから、下の方に落ちていくのだと考えました。言いかえると、火と気の元素はもともと「軽さ」しかないし、一方、水と土の元素は「重さ」しかないのです。

フロギストンには「軽さ」しかないとか、「浮き」のようなものだとか、「マイナスの重さ」をもつとかいうのは、このアリストテレスの考え方――火の元素の考えをうけついだものだったのです。フロギストン説が「重さ」に弱いわけはこれでわかります。

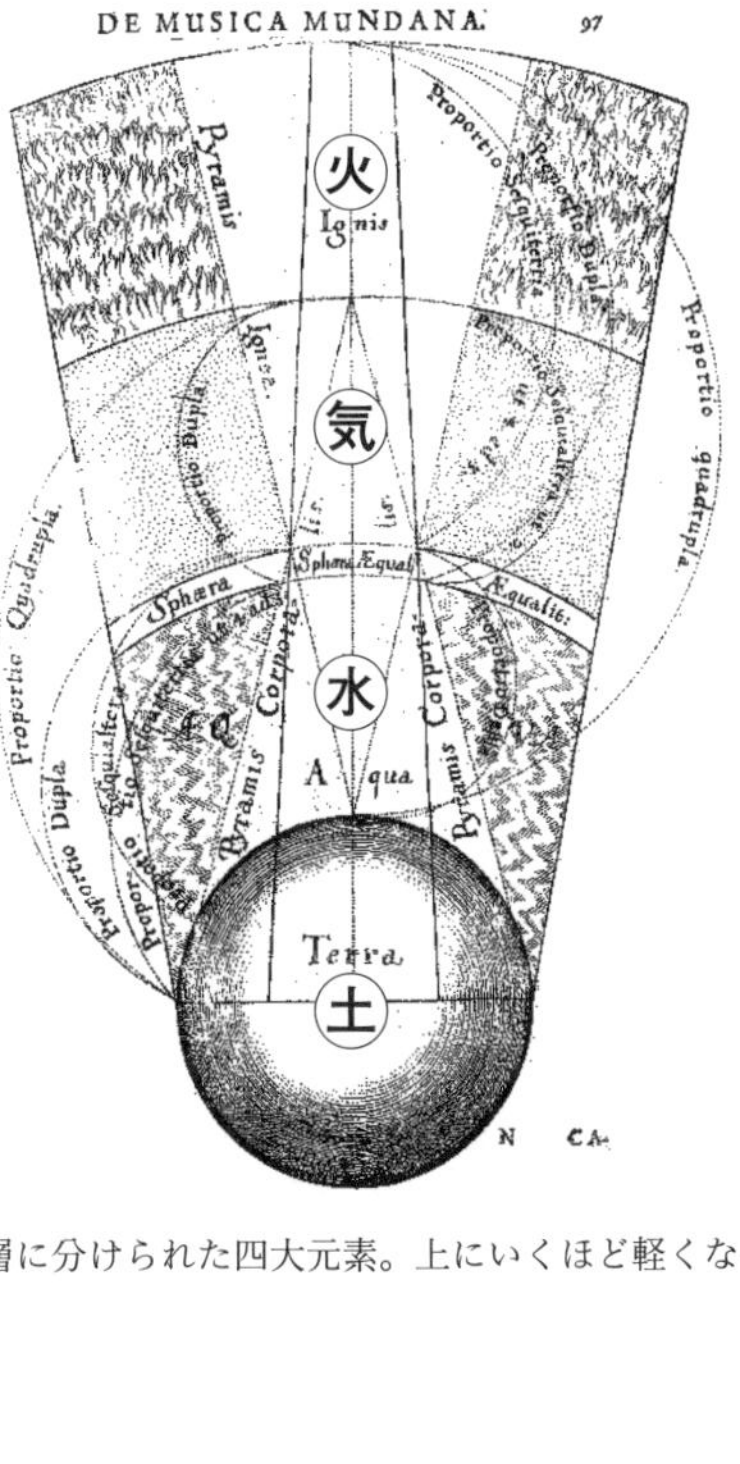

階層に分けられた四大元素。上にいくほど軽くなる。

フロギストン説打倒の武器

ところで、物質の化学変化を研究するとき、いちばん大切なことはなんでしょうか？
それは、物質の変化を重さをはかりながらたしかめていくということではないでしょうか。
みなさんも化学の実験をするとき、薬品の色が変わったり、泡が出たりすることなどをよく観察しますね。これを「定性的方法」と言います。これは「物質の性質の変化」を研究する上で大切な方法です。しかしそのような変化の際に何グラムの原料から何グラムの物ができたか、重さをはかって物の変わり方をたしかめることこそが、近代化学の新しい研究方法なのです。これを「定量的方法」と名づけています。「重さ」に弱いフロギストン説は、この定量的方法によって、やがてうちたおされる運命にあったのです。

ところが、おかしなことに、いろいろなガスを見つけ、近代化学をつくるために努力した科学者たちは、定量的方法を使い、出てくるガスの重さをはかったりする一方で、たいていフロギストン説を信じていたのです。

ジョセフ・ブラック
（1728～1799）

「ずいぶん矛盾しているな」と思うかもしれませんが、それが事実なのです。例をあげましょう。こんどは炭酸ガスを発見したブラックという人のお話です。

イギリスのブラック（一七二八～一七九九）という学者は、蒸気機関を発明したワットの先生にあたる人です。ブラックは一七五五年に、炭酸ガス（二酸化炭素）を発見しましたが、その発見のしかたは、後の人が「定量的方法の模範」とさえ呼んでいるほどです。

しかしこのブラックも、はじめのうち、どうやらフロギストン説を信じていたようです。ブラックが一七六七、八年にエジンバラ大学で行なった授業を、そのときの学生がノートにとっていますが、それには「フロギストンはほかの物質と違って〈マイナスの重さ〉を持つ特別なものだ」と書いてあります。

一方、ブラックの炭酸ガスの発見のしかたを調べてみますと、ここにはフロギストンのことは見あたらないのです。まさに「定量的方法の模範」なのです。それはこんなふうに行なわれました。

ブラックはまず石灰石を強く熱しました。するとそれは生石灰というものになります。石灰石も生石灰もどちらも見たところは変わりありませんが、酸を加えるとちがった現象がおこります。石灰石に酸を加えると泡が出てきますが、生石灰は泡を出さないのです。

「見たところおなじようなのに、どうして性質が違うのだろう?」

こうブラックは考えて、重さをはかってみました。すると、生石灰ははじめにあった石灰石の重さの約半分しかないことがわかりました（正確に言うと、一二〇という重さの石灰石が六八という重さの生石灰になったのです）。

「では、残りの約半分の重さ（正確には五二の重さ）の物質はどこへいったのだろう?」

こうしてブラックはこの物質——目に見えないガスをつかまえるくふうをしました。つかまえて調べてみると、ふつうの空気とたいへんちがうので、これに「固定空気」という名をつけました。これがいまの二酸化炭素（炭酸ガス）です。

一方で、「重さ」に弱いフロギストン説を信じながら、片方では「重さ」を大切に考えて実験をすすめる――ちょっとみると矛盾したやり方を、当時はブラックをはじめとするほとんどの化学者が行なっていたのです。

ブラックの炭酸ガスの発見は、いろいろなガスの発見の最初でしたから、ほかの化学者に大きな影響をあたえました。酸素ガスを見つけたあのプリーストリも、そのいろいろなガスの研究のきっかけのひとつは、ブラックの炭酸ガスの発見にありました。

炭酸ガスを水に吹きこむとソーダ水になりますが、ソーダ水を発明した人は、プリーストリでした。そのころ船乗りたちは長い航海をするのに飲料水がくさるのでたいへん困りました。そこでくさりにくい飲料水として、ソーダ水が発明されたのです。プリーストリの書いた「ソーダ水のつくり方」というパンフレットは、イギリスからフランスへと渡り、たいへんに評判になりました。そして、これがきっかけでブラックの論文やプリーストリの論文が、ぞくぞくと翻訳され、フランスの化学者にフロギストン説とともに「定量的方法」を教えることになりました。

これらを学んで、その中から「定量的方法」のほうを受け継ぎ、逆にフロギストン説をうちたおす武器として発展させた人がいます。それがフランスのアントワーヌ・ラボアジェ（一七四三〜一七九四）でした。

「質量不変の法則」の発見

さて当時は、フロギストン説の他に「火の粒子説」という考え方がありました。「火は目に見えない小さな粒でできている」という考えです。

フロギストン説は、前にお話したように、重さについて弱点をもっていました。木を燃やすと前より軽くなるのに、金属を燃やすと重さが増えること（金属の増重現象）をうまく説明できなかったからです。しかし「火の粒子説」を主張する人は、「金属の増重現象」についてこう説明しました。

「火の小さな粒が、いれものの底をとおって金属にくっつくから、その分だけ重くなるのだ」と。

ロバート・ボイル
（1627～1691）

「火の粒子説」という考えは、イギリスの化学者ボイル（一六二七～一六九一）の考えをうけついだものです。当時ボイルはガラスのいれものにいろいろな金属——たとえばスズを入れ、少しあたためてからいれものの口をとじ、かまどの上で熱しました（あたためて中の膨張した空気を追い出しておかないと、いれものが破裂する）。なん時間も熱しつづけたあと、ボイルはとじた口を切ってスズをとり出し、重さをはかってみると、わずかですがふえていました。ボイルはその原因を、かまどの火の粒子がスズにくっついたためだと考えたのです。

ボイルのスズ燃焼実験は、物質の変化を重さのちがいでたしかめたという意味では定量的な方法と言わねばなりません。

アントワーヌ・ラボアジェ
（1743～1794）

しかし、それに異議を唱えたのがラボアジェでした。ラボアジェにとって、金属の増重現象をうまく説明できないフロギストン説と同様、「火の粒子説」も納得できるものではありませんでした。火が粒でできていて、それがいれものの底をすりぬけて、中の物質にくっつくというのが、どうしても腑に落ちなかったのです。

「この二つの問題をいっぺんに解決するにはどうしたらよいだろうか？」とラボアジェは考えました。それには、ただ重さのちがいをはかるという定量的方法では足りません。それをいっそう発展させた考えが必要です。

こうしてラボアジェが見つけ出したのが、近代化学の根本原理とも言うべき「質量不変の法則」です。

こんな実験を考えてみましょう。前に、金属の増重現象のところで、鉄粉を燃やすとその皿のほうが下がることをやりました。そこでこんどは、この鉄粉にいれものをかぶせてとじこめ、天びんをつりあわせておいてから鉄粉を燃やすのです（たとえば電熱などでくふうしてみます）。天びんはどうなるでしょうか。

天びんの針は左右にゆれますが、やがて重さが変わらないことを示します。どうしてでしょうか。

たしかにいれものの中の鉄粉はその重さをふやすのですが、その分だけいれものの中の空気が減っているというかんじょうになります。つまり鉄粉は燃えて空気の一部分（酸素ガス）と結びついたことになるのです。

式で書いてみますと、下の図のようになります。一般に化学変化（この場合は燃焼）の前にあった物質の重さ（質量）の総和は、変化の後の物質の重さ（質量）の総和に等しいというのが「質量不変の法則」です。

ラボアジェのやり方もこの実験とおなじです。彼は一〇〇年前のボイルのスズ燃焼実験をくりかえしてみました（一七七四年）。しかし、ボイルの場合とはちがっているところがあります。ボイルの場合は、燃焼前後の〈スズの重さ〉しかはかっていませんが、ラボアジェの場合には、燃焼前と後との、〈スズといれものと中の空気の重さ〉とをはかり、その総和が変わらないことを見届けたのです。

燃焼前の重さの総和
（いれものの重さ＋いれものの中の空気の重さ＋物質の重さ）

＝

燃焼後の重さの総和
（いれものの重さ＋いれものの中の空気の重さ＋燃えたあとの物質の重さ）

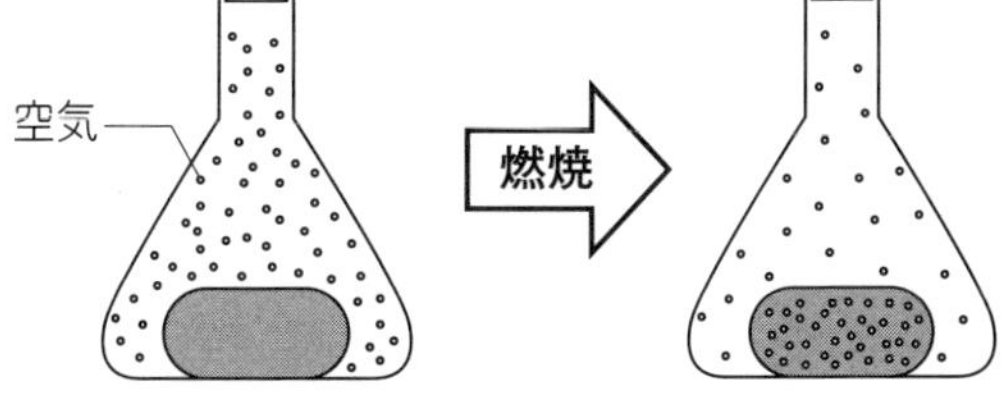

減った分の空気の重さは，物質の重さの増えた分と等しくなる。
注）実際の空気の分子はこんなに大きくありません。

総和が変わらないのにスズの重さだけが増えるのですから、その分だけ何かが減っていなければなりません。減っているのはいれものの重さではないのですから、中の空気が減り、その分がスズに結びついたと考えないわけにいきません。

こうして、ラボアジェは、「燃焼後のスズの重さが増えるのは、スズに空気の一部が結びつくためだ」ということをたしかめました。「火の粒子」のせいでも「マイナスの重さのフロギストン」のせいでもなかったのです。

三年後の一七七七年、ラボアジェはスズのかわりにこんどは水銀の燃焼実験を行ないました。おなじように燃焼の前後で重さをはかり、その総和が変わらないことから、水銀は燃焼のさい「空気の一部」と結びつくことをたしかめました。

しかし、水銀が燃焼のさいに結びつく「空気の一部」とはいったいなんでしょうか。

ラボアジェはさらに一歩をすすめようと考えました。水銀が燃焼すると赤色水銀になります。このとき赤色水銀には「空気の一部」がふくまれているはずです。なんとかして、赤色水銀からこの「空気の一部」をとり出して、じかに調べてみることはできないでしょうか。

それには、前にプリーストリがやったように、赤色水銀をまた

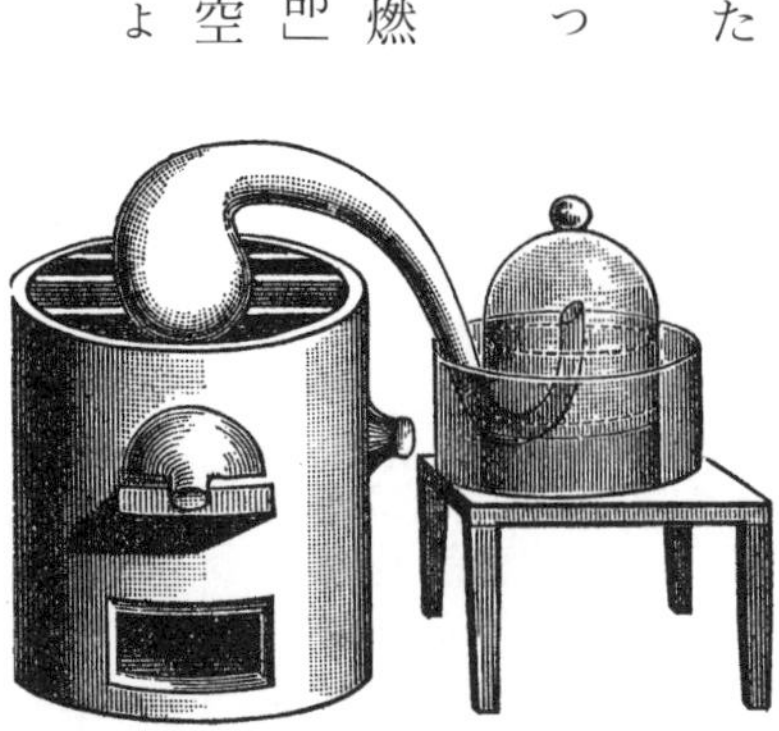

ラボアジェの水銀の燃焼実験

炉の火で熱して燃焼させ、出てくるガスをつかまえればよいわけです。プリーストリがこのガスに「フロギストンのない空気」と名付けて、酸素ガスを見つけたのは、さきほど説明した通りです。そうだとすると、水銀が燃焼したさいに結びつく「空気の一部」とは、まさに酸素ガスのことではないでしょうか。

ラボアジェは、水銀が燃焼のさいに結びつく空気の一部（うつわの中の空気のへり分）の容積が、そうしてできた赤色水銀をふたたび燃焼したとき出てくるガスの容積とぴたりと一致することをたしかめました。こうして、ラボアジェは、定量的方法をさらに発展させた「質量不変の法則」をもとにして、物が燃焼するということが、酸素と結びつくことなのだということをはっきりさせたのでした（水銀が燃焼すると、酸素ガスと結びついて赤色水銀となり、赤色水銀を燃焼させると酸素ガスが出て水銀にもどるということは、今では、はっきりしています）。

もはや火の粒子もフロギストンもはいる余地はどこにもありません。ラボアジェは、質量不変という考えをもとにして、火の粒子説といっしょにフロギストン説をうちたおすことができるようになりました。

最後に残された問題

とはいえ、ラボアジェが公然とフロギストン説を攻撃しはじめたのは、それから五年もあとのことでした。それまで彼は、いろいろな材料で自分の新しい考えをたしかめていたのです。そして、最後にこう言っています。

「フロギストン説は空想である」

また、ラボアジェは、こうも言っています。

「フロギストン説は一〇〇年も信じられたのだから、新しい理論があらわれたからと言って、古い考えをすぐに捨て去ることはむずかしい。だから私はフロギストン説におかされていない若い人たちに期待する」と。

ラボアジェが言ったように、フロギストン説を信じていた科学者がその考えを捨てるのにはそれから七、八年もかかりました。しかし、それでもなおフロギストン説を正しいと考える科学者もいました。ラボアジェ自身、姿を変えたフロギストン説にたえずなやまされ、これとたたかわねばならなかったのです。

たとえば、「私は、フロギストンを発見した！　水素ガスこそそれだ」と言う人たちがいました。

水素ガスを発見したのは、イギリスの貴族出の科学者キャベンディシュ（一七三一～一八一〇）です。水素ガスははじめ「燃えやすい空気」と呼ばれていました。彼は亜鉛や鉄などの金属に塩酸や希硫酸をそそいで水素ガスを得たのですが、それが空気にくらべてとても軽く（実際は空気の約一五分の一）、燃えやすい気体であることから、これこそ金属の中にあったフロギストンそのものだと考えました。また「フロギストンのない空気（＝酸素ガス）」を発見したプリーストリも、このガス（水素ガス）こそが純粋のフロギストンだと考えるようになっていました。

実際、水素ガスをつくる実験のとき、水素の泡は金属から出てくるように見えます。けれどもほんとうは金属からではなく、金属に注いだ酸のほうから出てくる、というのが現在の考えです。キャベンディシュもプリーストリも、もちろんそれを知りませんでした。

ラボアジェはこう考えました。

「この水素ガスは金属からではなく、酸にまざった水から出てくるにちがいない。もしそれがたしかめられるなら、金属から出てくる水素がフロギストンだという説をやっつけることができる」と（じつはこの考えも今から考えればまちがったところがあったのですが、それでもフロギストン説をやっつけることはできたのでした）。

そこでラボアジェは、こんな実験をやってみました。

木炭を燃やしてその熱で鉄製の銃身を真っ赤に焼きます。銃身の中に水滴をたらすと、鉄によって水の中の酸素がうばわれて、銃身の他のはしから水素ガスが出る、という実験です。つまり、水を酸素と水素に

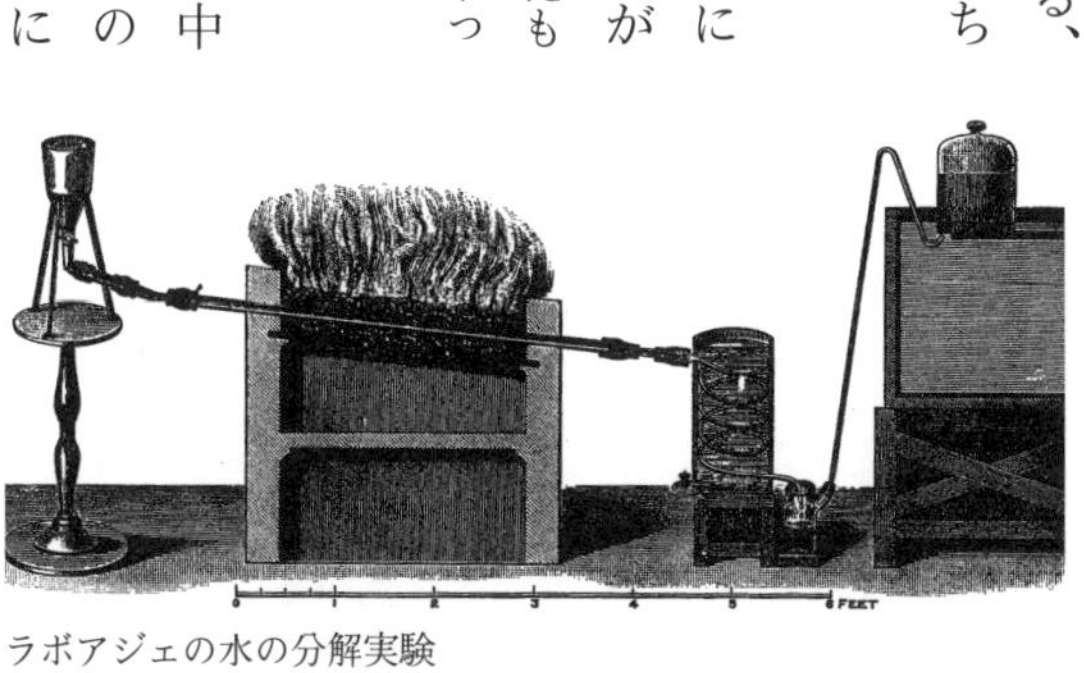

ラボアジェの水の分解実験

分解する実験です。実験は成功しました。

けれどもプリーストリは自分の意見を変えようとしませんでした。彼は、この水素が、木炭かあるいは鉄の銃身から出てくるということを証明して、「水素ガスこそ鉄や木炭の中にあったフロギストンである」ということを示そうと考えました。たとえば、鉄の棒に木炭を加えて熱しただけでも、「燃えやすい空気」が得られるではないかと主張しました（彼はこれを水素ガスだと考えていたのですが、実際は一酸化炭素でした）。

フロギストン説はずいぶんと追いつめられてきました。けれどもプリーストリは頑強にこの説を信じつづけました。「フロギストン説」から「反フロギストン説」に転向する科学者が増えてきても、なおプリーストリは、「私は水素ガスをフロギストンだと言ったキャベンディシュの意見にたいへん満足だ」と言っています。そして、ほかの科学者がみなラボアジェの考えに賛成してしまった中で、ただひとりフロギストン説を守りつづけました。

一八〇〇年一月の手紙にはこう書かれています。

「私はただひとり残ったが、今いだいている考えに確信をもっている」

翌年九月、友人のワットたちにあてた手紙では「真実はかならず勝つ」と書いています。まだまだなっとくできない問題がたくさんあったにちがいありません。

事実、フロギストン説には、ラボアジェでさえもついに解決できなかった問題がふくまれていたのです。

それは、物が燃えるときに出てくる光と熱の問題です。

フロギストン説の発祥地ドイツの化学者は、さすがに、なかなかフロギストン説を捨てようとしませんでした。そのドイツの化学者グレンという人は、こう言って最後までくいさがりました。

「なるほどラボアジェの新理論――燃焼とは物が酸素と結びつくという理論は見事なものだが、熱や光が出ることについてはなにも述べていないではないか」

グレンは一七九三年には新理論をうけいれはしましたが、この熱と光とがフロギストン説の最後のよりどころになりました。

グレンはこう言いました。

「フロギストンとは物の中にある熱と光のことだ。だからフロギストンは上の方へいく性質、つまり〈マイナスの重さ〉をもつのだ」

ラボアジェは熱と光についていろいろ手がけていましたが、ついにその正体をつきとめることはできませんでした。そして、一七八九年に出版されたラボアジェの化学教科書には、いろいろな元素といっしょに熱や光が「重さのない元素＝熱素・光素」としてのっています。熱や光は「エネルギー」といって物質のはたらきであることがわかったのは、次の時代、一八〇〇年代になってからのことです。

これでフロギストンのゆくえがおわかりと思います。お話の前にともしたろうそくがもうこんなに燃えてしまいました。燃えきらないうちに、もういちどフロギストン説のことをまとめてみましょう。

フロギストン説はまちがっていたでしょうか。そうです。今から考えてみたらまちがっていました。しかし、科学の進歩になんの役にもたたぬたわごとだったでしょうか。いいえ、そうではありません。新しい科学をつくろうとする人たちはほとんどフロギストン説を信じていました。

フロギストン説は、燃焼などの化学変化をとりあげ、それを理屈だてて考えるきっかけになりました。しかし、そうしているうちに、科学者は知らず知らず、新しい科学のもとになった定量的方法を積み重ねていき、そしてとうとう「重さに弱い」フロギストン説は、重さをはかりながら物質の化学変化をたしかめていくという「定量的方法」にうちまかされていったのです。

ラボアジェはこの方法をうけついで、これをさらにすすめ、「質量不変」の考えをつくりあげたからこそ、フロギストン説を最後にうちたおすことができたのでした。

科学の歴史は、今になって考えれば、まちがいだらけ、たりないところだらけの歴史です。しかし科学が進歩してきたのは、失敗をおそれず、その中に一粒一粒つみかさねられてきた真理をとり出して進んできたからです。

フロギストン説は、失敗の歴史の一つです。しかしその失敗こそが、新しい理論をうみ出すきっかけになったのだとも言えるでしょう。